它和它不一样

[法]韦罗妮克·科尔吉贝 等著
[法]文森特·贝尔吉耶 图
李牧雪 张月 译

上海科技教育出版社

2015 年 3 月 27 日，
我们的朋友杰拉尔 · 多泰尔永远离开了我们，
这本书仅是他众多计划之一。
忠实于他的愿望，
为青少年读者打开了解世界的大门，
我们想继续出这本书，
这样他的声音将继续被聆听。

韦罗妮克 · 科尔吉贝
马蒂尔德 · 贾尔
马里翁 · 吉洛
奥萝尔 · 梅耶

杰拉尔是一位慷慨正义、关心社会、待人亲切和蔼的作家。
出版业永远失去了他，
他擅长发掘与众不同的表达方式，
启迪人们的思想。
在此我要感谢几位了解他的作家同意撰写这本书，
杰拉尔对此一定会非常开心，
他在另一个世界也会深感欣慰。

比阿特丽斯 · 德克鲁瓦

目 录

这两种昆虫，外表看起来都是黄黑相间，同样会蜇人，但它们蜇人的原因大不相同。蜜蜂是为了保护蜂蜜，胡蜂则是为了争夺食物！

蜜蜂 / 胡蜂

哎哟！

蜜蜂和胡蜂同属于膜翅目（该词源自希腊语 hymen，意为“薄膜”，它们的翅膀就像薄膜一样）。膜翅目中，只有雌性个体有毒刺。蜜蜂蜇的伤口没有胡蜂蜇的那么疼，所以最好弄清楚你在和谁打交道。我们来看看它们的外观：蜜蜂的身体是棕色的，体形矮胖；胡蜂的身形更修长些（这就是为什么夸人身材好会拿胡蜂作比喻），绒毛平滑，颜色通常比蜜蜂黄一点。事实上，人们经常是被蜇以后才认出它们，因为蜜蜂会在伤口上留下 “小礼物”：一根带倒钩的刺。蜜蜂蜇伤了你，却也丢了性命。而胡蜂，蜂刺光滑，它可以随意地扎入、拔出。结果是：蜜蜂只能蜇一次人，而胡蜂会蜇好多次。

喔哟！它们为什么要蜇人？

蜜蜂蜇人，其实是一种防御手段：雌性为了保护蜂房和蜂蜜而蜇人。而胡蜂，众所周知，以攻击性强著称，它们发起攻击是为了夺取食物，尤其是肉类。在人们野餐或露天聚餐时搞破坏的，都是它们。

然而，人们赞扬蜜蜂是产蜜者，却贬低羞辱胡蜂，这样可能是不对的，因为两者都参与授粉过程。采蜜时，它们把花的雄性器官（雄蕊）里的花粉传播到雌性器官（雌蕊）中，使植物得以授粉，继而长出蔬菜和水果。

假兄弟

熊蜂是一种野生独居的蜂，体形比蜜蜂大，由于不产蜜，所以性情比较温和。至于黄蜂（不是雄性蜜蜂，而是一种特大号的胡蜂），它们的危险系数并不比胡蜂高，不过亚洲大黄蜂（墨胸胡蜂）则另当别论。

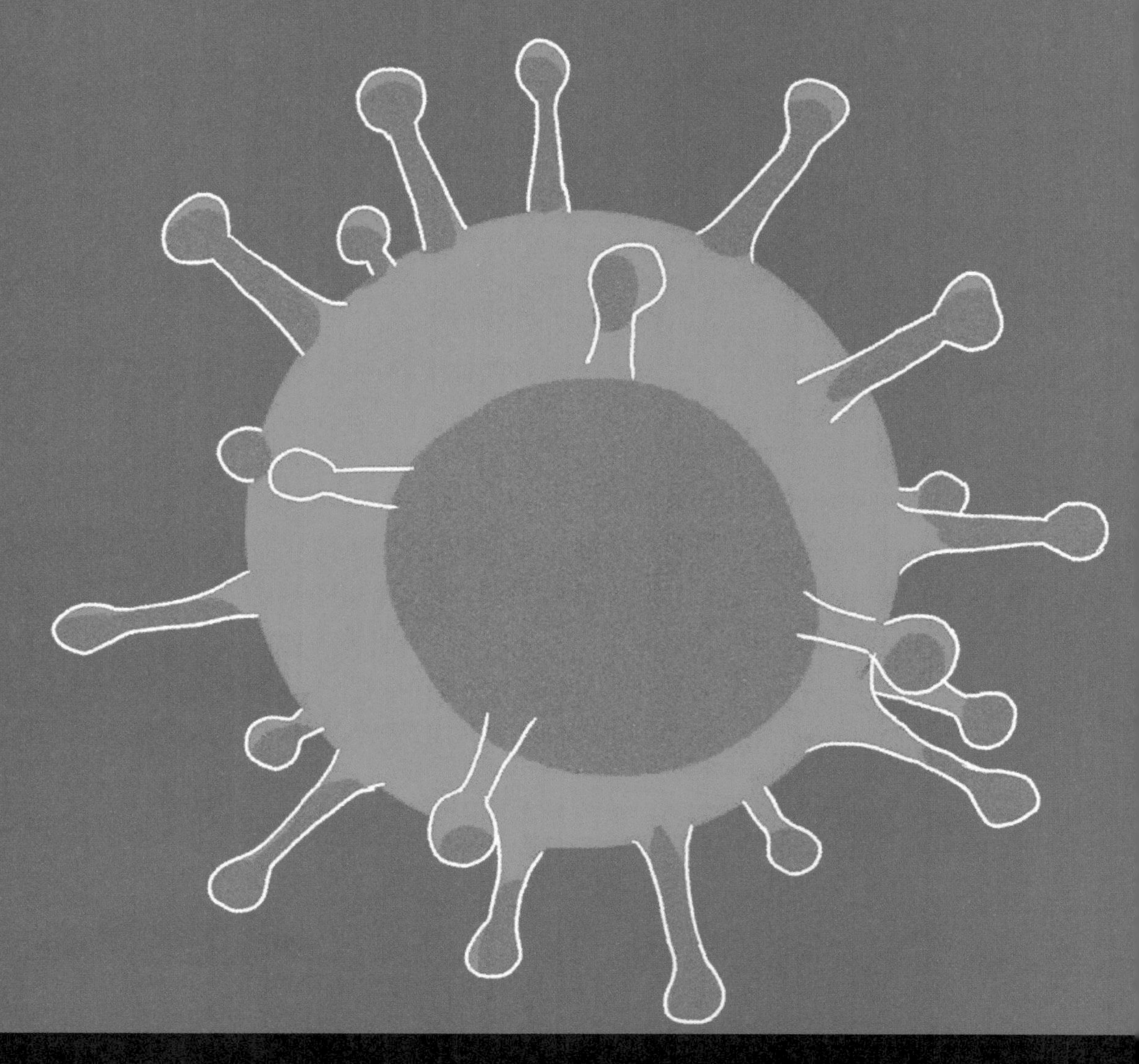

病毒 / 细菌

这两种微生物拥有完全不同的生存方式，细菌是一种独立生存的细胞，而病毒则只能寄生在宿主细胞中。

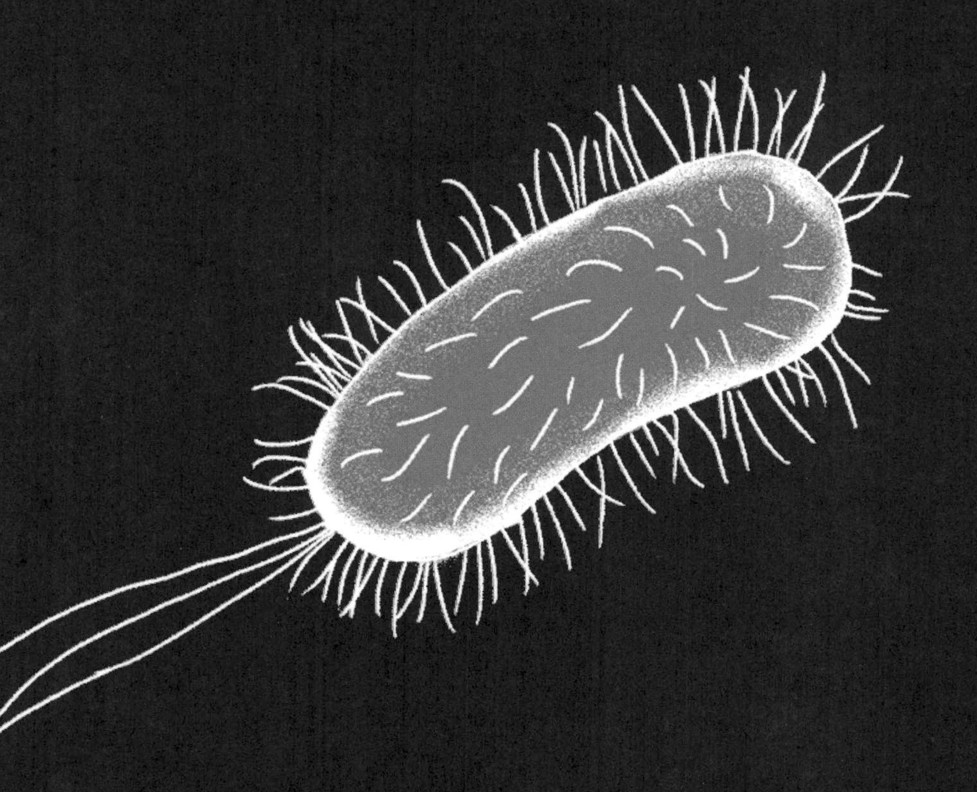

细胞战争

细菌是由1个细胞组成的单细胞生物。和所有的细胞一样，细菌能够呼吸、繁殖和运动。不是所有的细菌都有害，人体内有上千亿的有益菌，对人体大有益处，比如它们可以促进合成维生素。问题在于一些“坏”细菌，它们通过伤口、食物或空气潜入人体。这些入侵者一旦进入人体，将引起诸如咽峡炎、耳炎或食物中毒（李斯特菌、沙门氏菌）等感染症状。它们的强大之处在于有着惊人的繁殖速度。它们成群结队毫不心慈手软地向健康细胞发动攻击。如果人体的免疫系统足够强大，病菌就会战败撤离；如果免疫系统较弱，就需要借助抗生素等药物的力量杀死病菌。

一切是那么迅速！

表面来看，病毒似乎攻击性不强。因为为了繁殖，它首先必须入侵健康的细胞。然而，一旦成功入侵，病毒就会掌控宿主细胞的运转，并且开始合成更多的病毒，进而迅速在人体内扩散，新合成的病毒又会继续侵占健康的细胞。

一些病毒性疾病不严重，例如：感冒、胃肠炎或季节性流感。但像麻疹、水痘或肝炎这类疾病则相对比较严重，而狂犬病之类的疾病甚至可致命。为此，人们研发了很多种疫苗用来阻断病毒的传播。不幸的是，目前尚未出现能应对艾滋病的疫苗。

大象巴巴[1]（非洲象）和小象丹波[2]（亚洲象）差异如此巨大，不仅仅因为它们生活在不同的大陆上。

亚洲象/非洲象

一个细节

巴巴，是让·德·布吕诺夫于1931年创造的大象形象。明显的长牙、庞大的体形、扁平的背部，它拥有非洲象的所有特征，只有一点例外：它的鼻子是亚洲象的鼻子！杂技演员丹波，是沃尔特·迪士尼的小象，额头突起，背部弓起圆润，它具备亚洲象的所有特征，只有一点例外：它的超大耳朵是非洲象才有的！很多人对此并不了解！

庞然大物

非洲象体形较大，它的体重比亚洲象重2吨，从马肩隆[③]处测量，身体比亚洲象要高出1—1.3米。它的耳朵又宽又大，扇起时可以带来凉风。非洲象的雄象、雌象都有长长的獠牙，很不幸地成为可恶的非法交易的目标。而亚洲象则只有雄象才有长长的獠牙。

到处都是圆的

亚洲象身上各处都更圆一些。它的头上像立着个发髻，它的外形像一只弓背而立的猫。这正是杂技爱好者非常熟悉的样子。马戏团里的大象大多来自亚洲，它们早已被人类驯服，已经陪伴人类4000年了。

长鼻末端的差异

最后一个不太容易被发现的细节是长鼻末端的形状，这也是区分两种象的一个关键点。亚洲象的长鼻末端有一个指状突起，而非洲象有两个。如果你仔细观察，会发现巴巴和丹波的鼻子都是亚洲象特有的长鼻。好吧，原谅让和沃尔特的这个小失误吧！

鸽子是雄性的斑鸠吗？当然不是！虽然它们同属于鸠鸽目，但它们的区别可不在于性别层面。

鸽子/斑鸠

迷你与巨大

这两种鸟的第一个区别是什么？很简单，就是它们的大小：斑鸠比鸽子要小得多。但如果不把它们放在一起，区分起来并不容易。再看看其他的区别：斑鸠的喙更细长，喙的颜色取决于羽毛的颜色。如果羽毛是栗色，喙就是黑色；如果羽毛是白色，喙就是玫红色。反观鸽子，可以看到它们的喙上方有一小块白。最后一个区别：虽然世界各地都有这两类鸟，但在城市里，你遇到的通常是鸽子，而在乡下，你看到的更有可能是斑鸠。

漂亮的装饰

如果你还想寻找别的方法区分这两类鸟，可以看看它们的脖子。斑鸠像佩戴着一条项链，这条项链通常为黑色，仅挂在它的后颈处，而不是环绕整个颈部。鸽子则没有项链，但有紫色或绿色的光泽。

亲爱的朋友

当鸽子为寻找面包屑而向人类靠近时，通常会遭到驱赶，然而有些鸽子曾为人类作出过巨大的贡献。第一次世界大战期间，“亲爱的朋友”（一只鸽子的昵称）拯救了在法国的将近200名美国大兵。这是怎么回事呢？当时美军身陷绝境，而这只信鸽冒着德军的枪林弹雨，送出绑在腿上的求救信。飞行途中，这只信鸽失去了一只爪子和一只眼睛，但它的壮举换来了荣誉勋章！

你知道吗？

虽然我们看不见，但鸟的两只耳朵分别位于头的两侧，藏在羽毛下面。

恒星和行星确实有些令人晕头转向！恒星会发光，而行星不发光。然而它们似乎都在天上闪闪发亮！它们之间究竟有什么关联？

恒星/行星

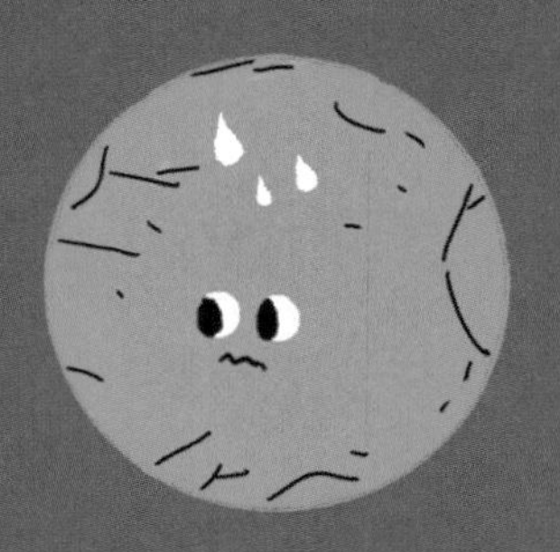

八大行星还是九大行星？

事实上，行星围绕恒星转，同时反射恒星的光芒。行星由气体、金属或岩石构成，比恒星小很多。恒星是由炽热气体构成的巨大的球体，比行星大很多。地球是太阳系的八大行星之一，围绕太阳这颗恒星公转。你知道吗？2006 年之前，人们都说九大行星围绕太阳转动。自 2006 年起，冥王星被踢出行星行列，被视为矮行星。

对了，恒星是什么颜色呢？

如果不假思索地回答，那么答案大概是……白色？当然不是，白色那就太简单了。恒星可以是白色、橙色、红色、黄色或蓝色。它的颜色取决于它的温度：恒星的温度越低，呈现的色调越红；温度越高，它的色调越偏向于蓝色。天空中成千上万的恒星组成一个个星座。你可能知道最有名的一些星座，比如：大熊座、小熊座、南十字座、猎户座、飞马座及仙后座等。

为什么有些恒星比较亮？

原因在于年龄！一颗存在了几十亿年的恒星，到了生命的尽头会变冷，从而逐渐暗淡下来。每年都有新的恒星诞生，有老的恒星消亡。至于我们眼中最亮的恒星，太阳除外，当然是天狼星。

你知道吗？

下面有一句口诀，有助于记忆太阳系八大行星的顺序，按离太阳由近及远的顺序排列：水漫金山地，火烧木焦土，天海成一体，浩浩太阳系（水星、金星、地球、火星、木星、土星、天王星、海王星）。

蝰蛇/游蛇

蝰蛇圆眼，身形短粗。而游蛇眼呈椭圆，身长可达2米。不过别担心，这两类蛇大多不会主动攻击人类。

如何区分蝰蛇与游蛇？

1. 眼睛

蝰蛇的瞳孔与猫的瞳孔一样，呈细缝状，而游蛇的瞳孔则是圆的。

2. 鳞片

蝰蛇的身上覆盖着成千上万的小鳞片，游蛇的鳞片比蝰蛇的大。

3. 大小

通常来说，蝰蛇比游蛇粗短。蝰蛇的身长很少超过 80 厘米，它的尾巴很短；而游蛇的身长可达 2 米多，它的尾巴很修长。

各有各的生活习惯

蝰蛇喜欢在清早或入夜后活动，而游蛇则喜欢晒太阳。如果你在家附近碰到一条蛇，那么它很可能是一条游蛇。游蛇在欧洲是最常见的蛇类，长 1—2 米。它们经常安静地在水源附近闲逛，寻找最爱的食物：蛙和鱼。当感到受威胁时，这种狡猾的蛇会翻身仰卧——它在装死！

分泌毒液！

世界上有 3000 多种蛇。幸运的是，只有 1000 种有毒。有些蛇的牙齿有毒，能使猎物无法移动或者杀死猎物，例如蝰蛇和游蛇。另一些蛇，像巨蟒和蟒蛇，它们会绞杀猎物，令其窒息而死。太恐怖了！不过也不用太担心：法国每年因蛇致死平均不到 1 人。

你知道吗？

生活在非洲中部的加蓬蝰蛇是毒性最大的蛇，只要被它咬一口便可致命。

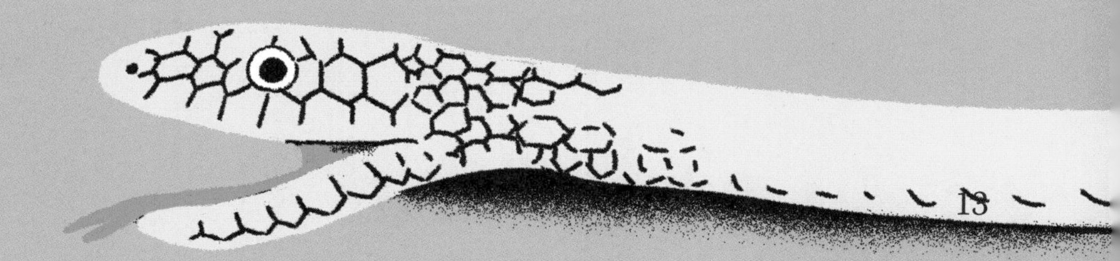

海葵/珊瑚

它们都生活在我们的视线之外的海洋里。海葵可以移动，多是离群索居，而珊瑚则附着在岩石上，群居生活。

海葵女士与珊瑚先生

海葵和珊瑚都不是植物。尽管海葵的“葵”字会让人想起漂亮的向日葵，但海葵和珊瑚都是动物，准确地说是无脊椎动物：它们的体内既没有骨架，也没有脊椎。它们和水母一样，都属于刺胞动物。大多数珊瑚的直径不超过3毫米。它们紧紧地贴在岩石上，有一些最后形成了珊瑚礁。海葵直径1.5厘米到1米，它们也能用吸盘吸附在岩石上，但有些海葵还可以游动。

厉害的触手

有的珊瑚有8个触手，有的珊瑚有12个触手。它们吃温热海水里的营养物质，也用触手麻痹捕食浮游生物（微生物）。

至于海葵，它身体柔软，长有很多触手，根据种类的不同，触手从12个到100多个不等。它们以浮游生物或者小鱼为食。先用有毒的触手把毒液注入猎物体内，然后把食物送到被触手包围的口中。

你知道吗？

小丑鱼是海葵最好的朋友！小丑鱼躲在海葵的触手间，却毫不畏惧，因为它的皮肤产生一种黏液，可以保护它免于中毒。反过来，小丑鱼美丽的色彩可以吸引其他的鱼类过来，海葵很乐于品尝这些美味。多么完美的交易！

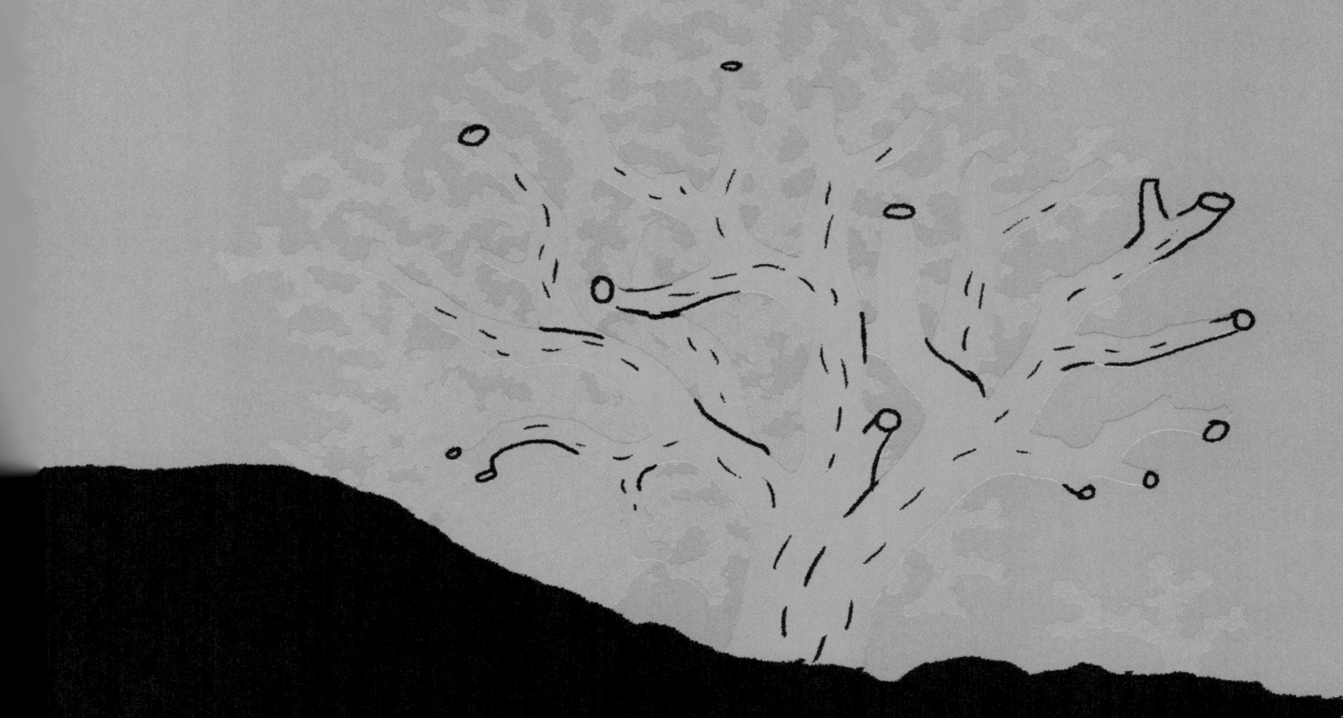

蟾蜍粗壮肥胖，皮肤粗糙，移动缓慢。蛙身材苗条，体态轻盈，从一个池塘跳到另一个池塘。

蟾蜍/蛙

不，蟾蜍不是公蛙！

虽然这两种两栖动物都属于无尾目，但是蛙属于蛙科，而蟾蜍属于蟾蜍科，这便导致它们有很多区别。

蟾蜍全身长满了分泌毒液的皮脂腺，一旦接触其他动物的黏膜（比如一个吻），毒液就会进入对方的血液，麻痹其神经系统。当然，蟾蜍的毒液并不是为了保护自己免于被吻，而是为了躲避捕食性的动物。由于在地面生活，所以蟾蜍需要一个保护机制来使对它不利的动物（如刺猬、游蛇和小嘴乌鸦）望而却步。蟾蜍粗壮肥胖，皮肤粗糙，移动极为缓慢。有点像蜗牛吗？是的！春天时，它十分脆弱，以至于有些交通枢纽附近特地为它设置了“两栖动物通道”，以便它顺利前往繁殖地而不被碾压。

生活在水边，蛙没有这种困扰！

从一个池塘跳到另一个池塘，蛙能在水中灵活地游动，这都归功于它那细长灵巧、有蹼的脚爪。它的皮肤表面黏滑，几乎不可能被抓到（除非用抄网）。黄色、绿色、红棕色，蛙总是很“漂亮”，而蟾蜍看起来又丑又令人厌恶。

再仔细研究一下，其实蟾蜍和蛙一样，优点很多。蟾蜍吃昆虫和蛞蝓，是园丁最好的朋友。还需要知道的是，如果你产生荒唐的想法想除掉蟾蜍，那是违法的。蟾蜍和蛙一样，是受保护的动物。

不，耳鸮不是无耳鸮的雄性配偶。虽然两者都属于鸮，但它们不是同一种动物。耳鸮头上有耳羽，而无耳鸮没有。

耳鸮/无耳鸮

无与伦比的狩猎者

无耳鸮和耳鸮都是白天休息，黄昏才醒。直到夜色全黑，它们才离巢狩猎。它们眼睛周围那圈羽毛用处非同小可，那是为它们的耳朵传递声音的天线。因此，它们的听觉比人类发达10倍，它们在黑暗中像猫一样看得十分清楚。

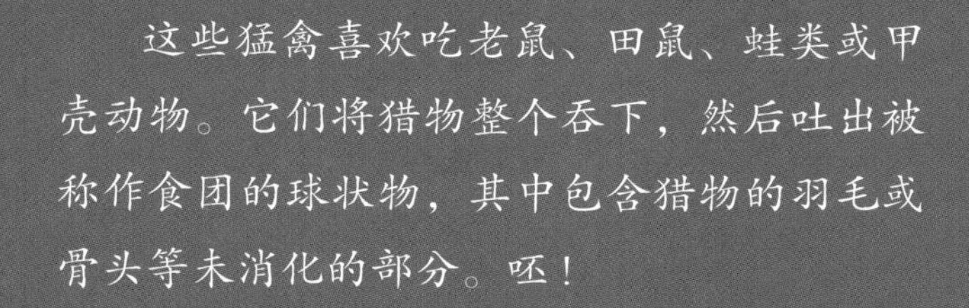

这些猛禽喜欢吃老鼠、田鼠、蛙类或甲壳动物。它们将猎物整个吞下，然后吐出被称作食团的球状物，其中包含猎物的羽毛或骨头等未消化的部分。呸！

辨别方法

英语对耳鸮和无耳鸮不加区分，都统称猫头鹰。然而在外观上这两种鸟是有明显差别的。耳鸮头顶长有小羽毛，形似耳朵，而无耳鸮没有。这是避免将两者混淆的一个好方法！

一些鸮的外表很好辨认。如果仔细观察一只仓鸮，你会发现它的面部呈心形。生活在北极的雪鸮也十分容易辨认，因为它通体白色，以便更好地与白雪背景融为一体。

你知道吗？

如果你害怕耳鸮或无耳鸮阴森的叫声，那么你就属于恐鸮族。其实不用担心，这些猛禽并不会伤人！

北极是一片被陆地环绕的海洋，南极是一块被海洋包围的陆地。

北极/南极

南极有科学家，北极有因纽特人

南极洲在南极，是一块完全被冰雪覆盖的陆地。北冰洋在北极，是一片海洋，其中心的大浮冰长年不化。北极和南极一样，不属于任何人。但是北极被五个国家围绕着，其中每个国家都在这极北部占领一席之地——阿拉斯加属于美国，格陵兰岛属于丹麦，西伯利亚属于俄罗斯，斯匹次卑尔根属于挪威，努纳武特属于加拿大。另外，每个国家都想要占据更多领土，因为这个地方蕴藏着丰富的石油和天然气资源。

几千年来，北极的陆地一直有人类居住着，其中最著名的是因纽特人。相反，南极却一直荒无人烟，仅有一些在科考站工作的研究人员。其中法国的科考站迪蒙·迪维尔，位于阿德雷地。

北极熊与企鹅

北极的物种也比南极丰富很多。北极的代表性动物北极熊，它们只生活在北极，并且与其他陆生哺乳动物（狐狸、驯鹿）和海洋哺乳动物（鲸、海豚、海豹、海象）以及包括大海雀[4]在内的许多鸟类和谐相处。南极却没有任何陆生哺乳动物：南极是企鹅的王国，最有名的要数帝企鹅。教你一个区分企鹅与大海雀的小窍门：不会飞的就是企鹅！

由于处在地球的两极，所以南北极的季节恰好相反。当北极是夏天时，南极正是冬天，反之亦然。无论如何，不管在南极还是北极，天气永远不会太热！两极唯一的共同点就是它们的气候——极地气候。在北极，夏季气温从来不超过 15℃。在南极，冬季气温会降到 −90℃，不愧是全世界最冷的地方！

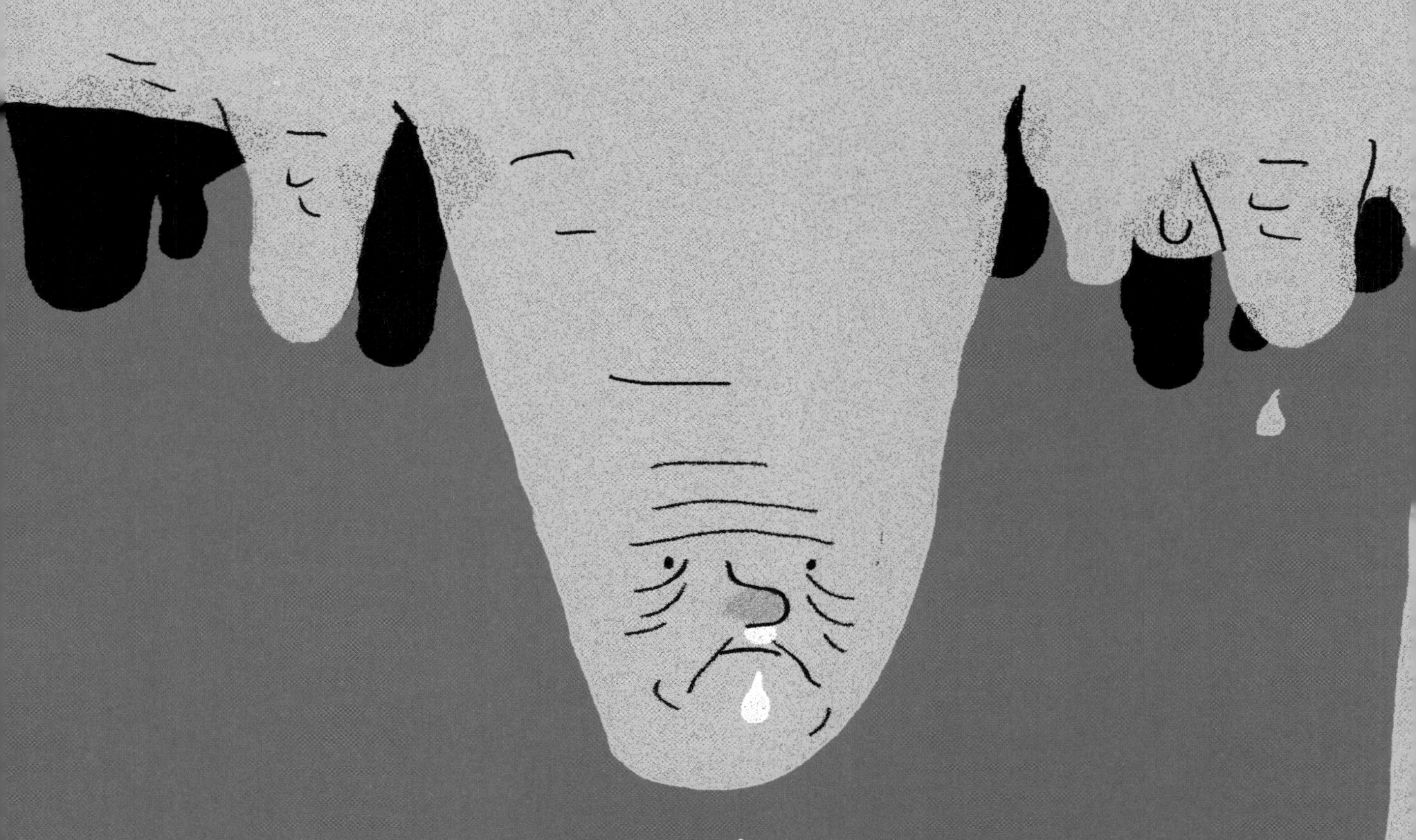

钟乳石和石笋都形成于石灰质的岩洞中，是矿物质沉积形成的。一个向上生长，一个向下生长，但哪个向上长，哪个向下长呢？

钟乳石/石笋

记忆小窍门

钟乳石的法语 Stalactite 源自希腊语 stalaktos（一滴接一滴地流淌），石笋的法语 stalagmite 源自希腊语 stalagmos（流出）。如果你记不住钟乳石和石笋哪个从洞底向上沉积，哪个从洞顶向下延伸，下面有个帮助记忆的好方法：钟乳石垂下来，石笋冒出来。不会再出错了！

它们是怎样产生的？

雨水穿过岩洞和缝隙缓缓地流淌，侵蚀石灰岩，形成钟乳石，石灰质的尖端从洞顶向下垂挂。掉落的一滴一滴水最后也在洞底沉积成一个锥体，其尖端指向洞顶，形成石笋。

石笋有时会和钟乳石连接在一起，形成一个柱状体，也就是我们说的石柱。这就解释了为什么岩洞里充满了令人叹为观止的“雕塑品”。

日积月累……

试图用肉眼观察钟乳石的形成进程是徒劳的。它的生长取决于很多因素，如岩洞的温度、二氧化碳含量以及降雨量等，它们每百年平均只生长几厘米。

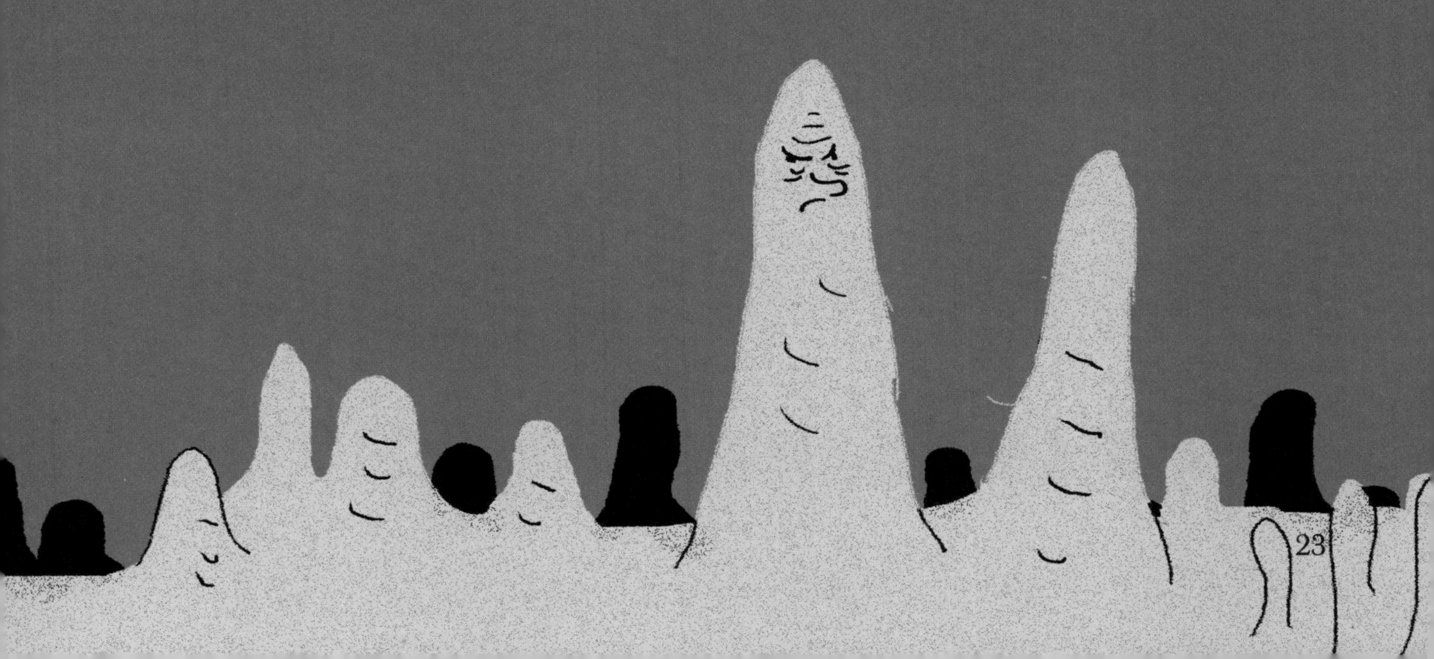

它们同是猫科动物，长相很相似！美洲豹长有镶黑边的栗色斑点，生活在美洲，而猎豹身体呈流线形，全身布满黑色圆形斑点，生活在非洲。

美洲豹/猎豹

两项最高纪录

美洲豹在猫科动物中颌骨力量最大。美洲豹攻击猎物，不在速度快，而是会咬住猎物头部给予致命一击，然后撕咬成块。它甚至可以咬穿爬行动物的皮！它喜欢吃凯门鳄、蛇和貘，猎豹则最喜欢独自或结对捕食羚羊、野兔和鸟。

猎豹身材细长，肌肉发达，十分灵活，是哺乳动物中奔跑速度最快的纪录保持者，速度可达 110 千米 / 时。但是它缺乏耐力，很快就疲惫了：30 秒后，它就不能继续奔跑了。

总之，美洲豹和猎豹的食物不同，它们也从不会相遇，因为它们生活在不同的大洲。美洲豹生活在美洲，而猎豹生活在非洲。

如何从外观上区分美洲豹和猎豹？

美洲豹长有镶黑边的栗色斑点，而猎豹的身上布满黑色圆形斑点。此外，猎豹看起来十分忧伤，因为脸上有两行像从眼睛中流出的黑色泪痕。

如何辨别花豹？

首先你要知道花豹和金钱豹指的是同一种动物。如果你足够细心，就会发现，虽然花豹和美洲豹身上的斑点一样，但是美洲豹体形更庞大，腿更短一些。美洲豹更像虎，而花豹更像猫，一只大猫。

为了理解这两种自然现象，先要了解一下包围地球的大气层。温室效应使地球变暖，而臭氧层则阻止地球发烫。

温室效应/臭氧层

生病的大气层

首先，从大气层底部的对流层说起，人们在那里发现了温室气体：水蒸气、二氧化碳和甲烷。在成为地球的“头号公敌”之前（每个人都知道温室效应是全球变暖的原因），温室气体悄无声息地发挥着作用。它们扮演什么角色呢？截留抵达地球表面的太阳辐射。具体地说，就是保温。其作用类似于温室里的玻璃窗，因此被称为温室效应。如果没有它们，地球上就不可能那么舒适，因为气温会下降到约 −18℃。

问题出在哪？150 年来，人类活动（工业、农业、车辆流动）产生了大量的温室气体，使地球表面的温室气体远远超出正常范围。对流层变厚，温室效应增强，地球表面温度越来越高，气候发生变化。哎呀呀……

即将愈合的臭氧层

幸运的是，高层大气情况要好很多，臭氧层正在逐渐恢复。呼！臭氧无色，但是气味很特殊（啊，闻起来像漂白剂），它保护生命体免受太阳大部分的强辐射。但在 30 多年前，科学家在南极上空的臭氧层发现了一个洞（实际上是一个坑）。原因在于排入空气的气溶胶中包含太多的氟氯烃。近几年，一些国际组织呼吁各方力量共同抵制这些有害气体。现在，臭氧洞正在缩小，并被宣布即将愈合。人们是否应该像对待臭氧层一样对待温室气体呢？

那是无法被轻易抹除的错误。克里斯托弗·哥伦布登上美洲时，他以为抵达了印度，所以称当地居民为“印度人”。这个名字被错用了几个世纪。

印第安人/印度人

1492年10月12日，哥伦布船队终于望见了一片陆地。30多天的海上航行后，他们以为自己已经穿越了大西洋，成功抵达东印度。实际上那是中美洲附近巴哈马群岛中的一座小岛，哥伦布将其命名为圣萨尔瓦多，意为“圣－救世主”，以此感谢上帝帮助他们最终登陆……当地人对哥伦布表示友好，向他提供了棉花、鹦鹉和其他物品。哥伦布则想当然地称他们为“印度人”。

其后500多年，那些在欧洲殖民者到来之前便生活在美洲大陆的居民一直被称呼为“印度人”，而真正的印度是亚洲的一个大国，人口居全球第二，距离这块新大陆几千千米。为了表达得更为准确，人们通常称呼新大陆上的居民为美洲的印度人或美洲印第安人。为了避免混淆，还产生了其他的称呼：原住民族、原住民……比20世纪中期西部片里的“红皮肤人”听起来更合适。但当地居民通常更喜欢自称：夏安族、因纽特人或盖丘亚人……在墨西哥，最好称他们为“原住民”，叫“印第安人”会被视为一种侮辱！

从起源来看，美洲的印第安人可能来自亚洲。大约13 000年前，甚至更早以前的冰川时代，他们徒步跨越白令海峡，然后在这片土地繁衍生息。哥伦布直到1506年去世时都还认为这块陆地就是印度。自1507年起，这块陆地以另一位航海家——阿美利哥·维斯普奇（Amerigo Vespucci）的名字重新命名，他确信这是一片“新大陆”。

达·伽马/麦哲伦

这两位伟大的航海家来自同一个国家——葡萄牙，都出生于15世纪，年龄仅差11岁。但他们不是为同一个国王解缆起航，也没有朝同一个方向鼓起船帆。

一条新的海上航线

1497 年 7 月 8 日，在葡萄牙国王的大力支持下，达·伽马离开里斯本港口，朝印度出发。他绕过了非洲南端的好望角。大约十年之前，另一位葡萄牙航海家迪亚士也曾到过那里。1498 年 5 月 18 日，探险队伍抵达印度港口，当时印度的海岸线是开放的。这对香料生意来说是个好消息！在这次航行及 1502 年的第二次航行期间，达·伽马在非洲沿岸建了一些商行——葡萄牙的小块领地。此后，达·伽马由于受到打压，所以等了 20 年才重返印度，抵达后没多久便去世了。

第一次环球航行

费迪南德·麦哲伦在本国（葡萄牙）不受待见，于是为西班牙国王效力，改为西班牙语名字麦哲伦。1519 年 8 月 10 日，麦哲伦在塞维利亚开启了他的探险之旅。与达·伽马相反，麦哲伦向西出发。他的目的地是香料群岛——现在的马鲁古群岛。在南美洲的南部，麦哲伦发现并穿过了一条海峡，为了纪念他，人们将其命名为麦哲伦海峡。他看见岛上燃起堆堆篝火，遂将此岛称为火地岛。在那里，他还发现了一种鸟类，如今被称为：麦哲伦企鹅！另一个被载入史册的名字——太平洋也是他起的，因为那里的海面很平静。抵达菲律宾群岛后，麦哲伦终于可以往货舱里装满香料，但一个小岛的国王拒绝合作。麦哲伦被一支毒箭射伤，于 1521 年 4 月 27 日去世。1522 年 9 月 6 日，船队中的“维多利亚号”返回西班牙。这是史上第一支实现环球航行的船队，完完整整的环球航行！

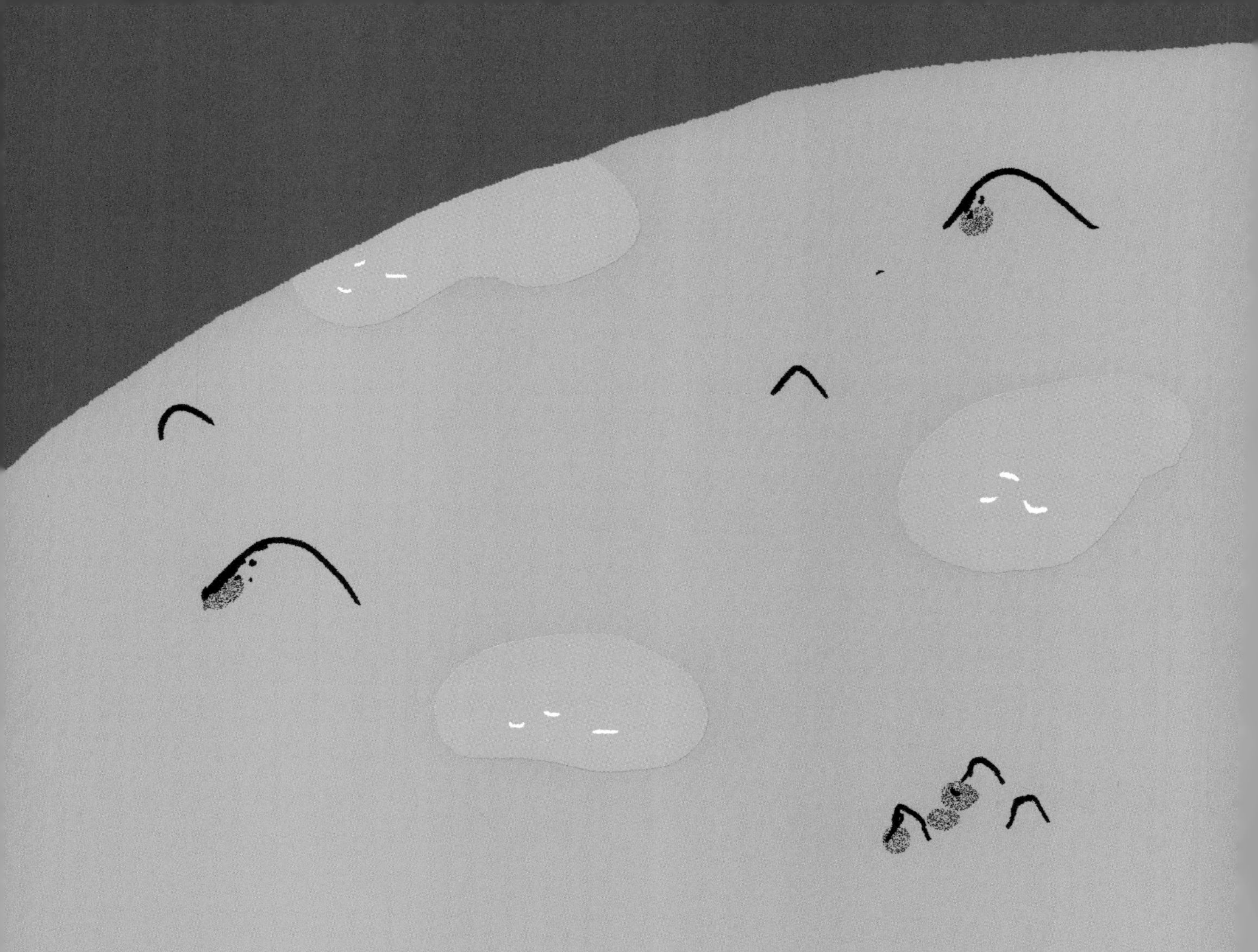

你觉得，大洋和大海差不多是一样的？你错了！大洋包围陆地，而大海则被陆地包围。⑤

大海/大洋

到处都是水！

地球表面的71%被海洋覆盖。

地球上共有5个大洋：太平洋、大西洋、印度洋、南大洋[6]和北冰洋。其中太平洋面积是最大的，覆盖了地球表面的1/3。

小故事

中世纪以前，人们并不知道地球上存在好几个大洋。1522年，葡萄牙著名航海家麦哲伦证实：地球是圆的，所有大洋彼此连通。那么如何区分海和洋这两种广阔的咸水区域呢？大海比大洋更浅、更小，所以两者首先具有大小和深度的区别。此外，它们所处的位置也有差异：大海通常在陆地内部，而大洋则包围陆地。一些海甚至完全被陆地包围起来，比如里海。海也是有潮汐的，只是幅度比较小。

水下有什么？

如果我们抽干海洋里的水，就会发现海洋底的地形和陆地的一样，有丘陵、火山、山谷和山脉。

你知道吗？

水是透明的，可是为什么海洋看上去却是蓝色的？这是因为太阳光照射入水中后，所有光谱中的颜色都会被吸收，但并不会同时消失！红色和黄色首先消失（在10—30米深处消失），其次是绿色（在大约60米深处消失），最后剩下蓝色，所以我们看到的海洋是蓝色的。

大西洲/大西洋

大西洲又叫亚特兰蒂斯（Atlantide），它与大西洋（Atlantique）的法语单词非常接近，意思却相去甚远。一个是陆地，一个是水体；一个是岛屿，一个是海洋。这两个看起来相似的单词，既对立又统一。

这两者中人们较熟悉的定是大西洋，它轻抚法国的海岸，东临欧洲和非洲大陆，西临美洲大陆。这个浩瀚的水体形成于1.8亿年前，欧非大陆与美洲大陆分离之时。面积仅次于太平洋，是地球上第二大洋。早在10世纪，就有维京人从大西洋北部穿过，但人们通常把这项殊荣赋予克里斯托弗·哥伦布，把他在1492年的航海探险称为史上第一次横跨大西洋。

亚特兰蒂斯（大西洲）与其相反，没有人知道它是否真正存在过。在公元前4世纪，伟大的哲学家柏拉图曾提到过它。据柏拉图所述，在这座岛屿上，隐藏着一个繁荣的帝国。它由10个王国组成，在想要征服周边领土的扩张野心驱使下，亚特兰蒂斯开始征服地中海诸国。只有希腊人阻止了他们，并反过来入侵了亚特兰蒂斯。一次强烈的地震伴随着海啸，彻底摧毁了这座岛屿。仅一天时间，整个岛沉没海中，毁于一旦。没有任何探险队找到过有关这座岛的痕迹，在地中海和大西洋中都没找到，尽管它的名字很明显与大西洋相关。

继克里斯托弗·哥伦布之后，直到20世纪，才有其他的探险家冒着生命危险，用另外一些方法成功穿越大西洋，例如驾驶小船、开飞机或者游泳。大西洋成为人们实施各种疯狂的、令人难以置信的冒险行动之地，它勾起了人们征服大自然的欲望。亚特兰蒂斯和大西洋最终承载了同样的征服梦想……

每一天，都有新款的篮球鞋或者饮料上市……以前你忽略了它们的存在，现在你却想要拥有它们，然而你真的需要它们吗？

欲望/需求

怎样区分需求与欲望?

古希腊有位著名的国王叫迈达斯，他有过一段惨痛的经历。这个国王贪恋财富，他从神那里获得了点石成金的能力，他触碰的一切都会变成金子。迈达斯国王自此拥有了数不胜数、常人难以想象的财富，但与此同时，他既不能吃喝也无法拥抱自己的女儿……他对金钱的欲望得到了满足，而最基本的需求却无法满足。

满足基本需求

你知道，为了更好地生活，你需要食物、饮用水、衣服、舒适的住所、能够为前途作准备的学校、与亲友的情感联系……然而这却不是地球上所有孩子的现状。有二分之一的孩子依然营养不良，一些孩子饱受战争之苦，还有一些孩子没有可以睡觉的住所（全世界二分之一的难民是孩子），还有一些女孩不能上学。这些基本的需求，你都得到了满足！如果你只为满足自己的基本需求，那么你的衣服只有当太小或穿坏时才需要更换。

屈服于欲望：一种快乐!

当你的篮球鞋尚完好无损时，为什么你依然向父母索要最新款的篮球鞋？这就是欲望在作祟。你最好的朋友穿最新款的鞋，你也想像他一样。广告向你推销，导致你想要拥有一双。这种欲望难以抗拒，因为它能带来快乐。这与你虽然不饿却忍不住嚼巧克力的欲望是一样的。承认吧，屈服于欲望让你快乐。

学会区分欲望和需求，并且不要满足所有的欲望，否则你将像迈达斯国王一样失去所有通往幸福的道路。面对欲望时，在屈服与抗拒之间找到适当的平衡，才能获得幸福。

欲望/嫉妒

你无法接受最好的朋友和别的伙伴交往更密切吗？你梦想拥有一条像邻居家的小狗一样的狗吗？你所感受到的正是两种相似的情感：嫉妒和欲望。

嫉妒，真正的毒药

当你最好的朋友和别的女孩一起疯狂大笑时，如果你感到内心滋生出很多“爪子”，这正是嫉妒刚刚敲响了你的心门，令你感到不舒服！如果嫉妒过度，妒忌者和被妒忌者都会感到痛苦。因为妒忌者需要修复自己内心深处的另一道伤痕，过去一直未治愈的背叛或忧愁。

欲望，前进路上的警示信号

嫉妒的对象是人，而欲望的对象是你想要拥有的东西。在一定范围内，欲望可以是积极的，因为它会提醒你真正想要什么。然而一旦超出了限度，欲望便变得消极，因为你开始想要获得别人拥有的一切……有偷窃癖的人无法抵挡想要占有物品的欲望，这便驱使他们去偷盗。

避免失控：适可而止

欲望和嫉妒是两种不同的情感，却可以用同一种方法去对抗：行动。接受两个人友谊中出现的其他朋友，可以留住你最好的朋友。承担家里的一些家务，你的父母可能会帮你买梦寐以求的夹克衫。如果你很想要一件物品，可以向他人求借，而不是顺手牵羊。

生气/任性

任性是即时产生的要求，不一定有理由。后果可能会导致生气。而生气，总是有原因的。

举个例子

为了理解这两种情绪的区别，可以记住下面两句话：

“你给我买个游戏机，现在立刻马上！”这是任性。

“我很恼火，因为父母从来不给我买我想要的东西！”这是生气。

应该有个结果了

“任性”（Caprice）这个词，来自意大利语“随想曲”（capriccio），表示突然想要一样东西或想做一件事。是一种冲动的行为，一时脑热，一种没什么确切理由却无法克制的欲望。注意不要将其与需求混淆。我们通常说小孩任性，因为小孩近两岁时会出现任性的情况。但很明显，大人也会任性！在成长的过程中，小孩会面临一个问题，那就是现实与他自己的愿望通常背道而驰。这个被说“不”的阶段使他能够自我调适，学习控制情绪，学会耐心和妥协。

生气，本身是有原因的，有时可能是一次任性受阻碍后的结果。更普遍来讲，它是由于某些行为而导致的沮丧、挫折情绪的表达。同任性一样，生气不会持续太久。你被伤害了，受到不公正对待，认真复习却考试不及格，弄丢了总是放在背包里的钥匙……这些都会令你生气。生气会导致一些生理反应：脸红、心跳加快、高声吼叫等。

三个控制生气和任性的小窍门：

连续深呼吸五次。

消气前保持独处。

放松和转移注意力。

心理学专家/精神病学专家

他们都擅长治疗心灵的小伤口，然而方法并不相同。

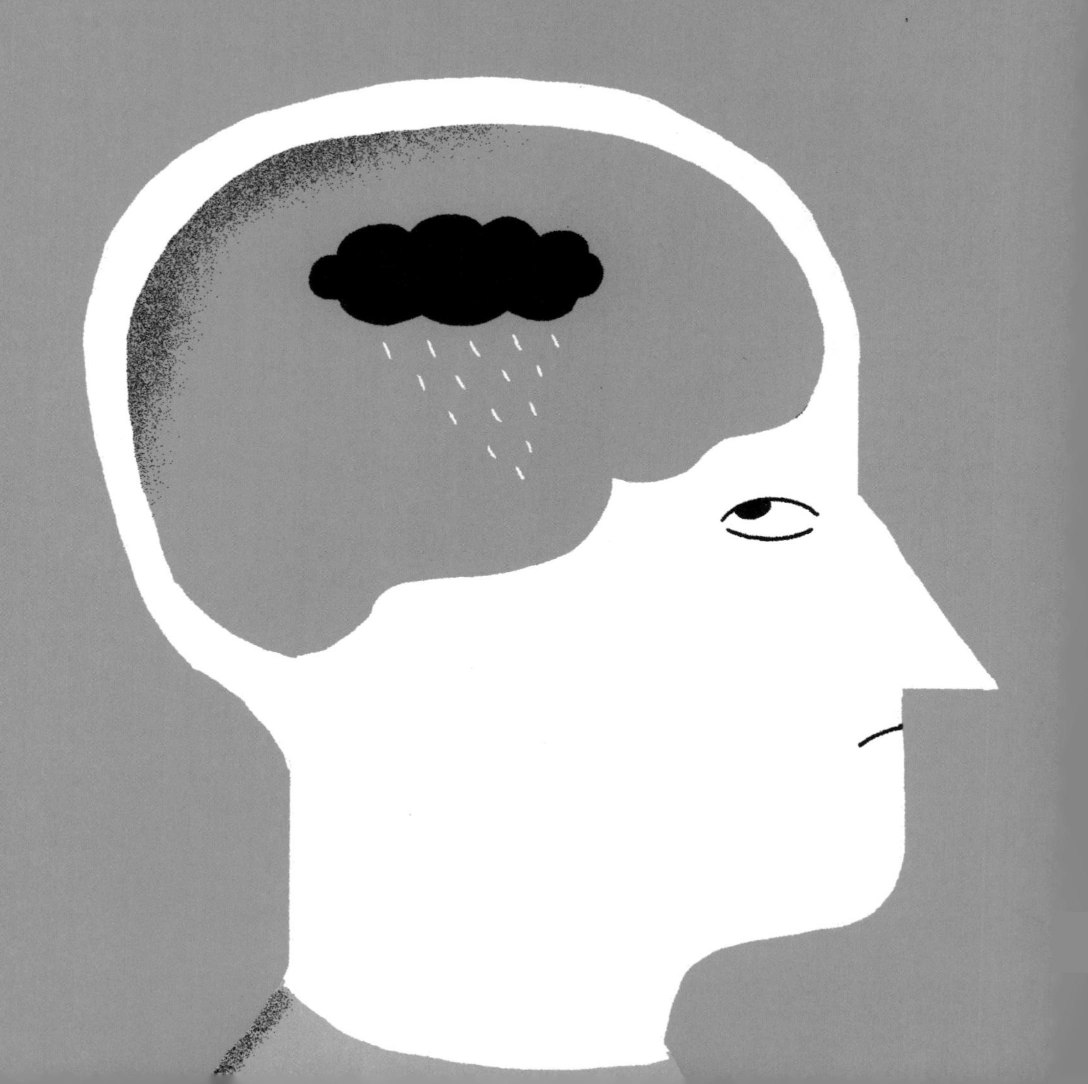

当某人出现心理问题时，我们习惯上会说应该去看看专家。但是看哪个专家呢？心理学专家还是精神病学专家？这要取决于情况的严重程度。对于比较严重的心理问题，为了缓解症状，需要求助于化学产品，也就是药物。只有精神病学专家才有权开处方，原因在于：他是医生。精神病学专家治疗严重的疾病，比如抑郁症。

不需要药物治疗时，就是心理学专家发挥作用的时候了。对于睡眠困难、家庭关系紧张、易怒等问题，没必要吃药！其实，一般而言，这源于焦虑，而不是疾病。心理学家在大学学习人类行为学、历史学、社会学和经济学等课程。这些课程使他们理解人们在某些环境下感到不舒服的原因是什么。从家庭秘密到校园骚扰，再到由袭击引起的心灵创伤。心理学家观察、倾听，推荐放松练习法，为病人进行心理测试。心理学家就像人类心灵的超级解码器，他们也在大型企业、监狱和学校做心理疏导工作。

当孩子心理出现问题时，也可以找相应的专家——儿童精神科医生进行治疗。但并非名字里带“医生”两字，就意味着被治疗的儿童情况很严重。儿童精神科医生很少开药。他们通常先与病人建立信任关系，就像“心理学家”一样进行工作。

想象一场持续10年的战争。希腊人和特洛伊人面对面对抗。为了让战争更刺激些，众神介入其中。这是《伊利亚特》的开篇，不要与《奥德赛》混淆。《奥德赛》讲的是战争结束后英雄们凯旋的经历。

《伊利亚特》/《奥德赛》

发动战争、相互杀戮的原因：希腊国王的妻子海伦被特洛伊的一个王子拐走了。

《伊利亚特》，长达 15 000 行的史诗，只讲述了在战争第 10 年的最后几天，围攻特洛伊城的故事。主要人物是阿喀琉斯，一位骁勇善战的英雄，最终杀死了特洛伊的统帅赫克托尔。

《奥德赛》是这个故事的续篇，类似第二卷，讲述了希腊人大败特洛伊人后曲折的回乡历程，是一部情节跌宕起伏的史诗，共 12 000 行。《奥德赛》主要围绕奥德修斯海上漂泊 10 年终归故乡的经历。（真是个了不起的冒险家！）

这两部史诗，普遍被认为是由荷马于公元前 8 世纪写的。到公元前 6 世纪，雅典人民逢年过节都会讲述这个故事。至于故事里的英雄，他们被作为学习的榜样或反面教材介绍给希腊的年轻人。然而，特洛伊战争真的发生过吗？没有人能给出确定回答，但是考古学家在现在的土耳其发现了特洛伊城存在的痕迹。无论如何，这些英雄和他们的冒险故事流传了下来，并继续带给作家和艺术家们灵感与启发。

人类史上最著名的计谋：木马计

特洛伊的城墙十分坚固，他们的将士守在城内。奥德修斯想出一条妙计，他令人造了一只巨大的木马，让希腊的战士藏在里面。特洛伊人发现城门前的这只木马，十分好奇，把它搬进了城内。夜晚来临时，希腊人从木马中出来，潜入沉睡的特洛伊城，最终占领了特洛伊。战争结束！

这两个建筑的希腊名字几乎是一样的，只有两个字母不同！比较复杂的是，帕台农神庙是仅存在于雅典的独一无二的建筑，而潘提翁神殿则有两座，分别位于罗马和巴黎。

帕台农神庙/潘提翁神殿

帕台农神庙是独一无二的，它坐落在希腊雅典城中心的山冈上。公元前5世纪，为了纪念战争与智慧女神雅典娜，伯里克利建造了这座大理石建筑，如今它已经成为雅典古卫城的一部分。多利克式柱子和檐壁是它的建筑标志，这一象征民主的建筑给大批的建筑师带来灵感。在伦敦大英博物馆和华盛顿美国最高法院的外观上，都能寻得它的身影。

潘提翁神殿（万神殿）在希腊语中意为“全部的神”。公元前1世纪，第一个潘提翁神殿建于意大利罗马，用于供奉当时宗教的众神，因此得名“万神殿”。它有一个特别大的穹顶，是古希腊罗马时期最大的穹顶！这座建筑几乎完好无损地耸立了几个世纪。公元7世纪时它变成了基督教教堂。如今它被用作意大利伟大人物的陵墓。画家拉斐尔、国王维克托·伊曼纽尔二世[7]都葬在这里。

第二个潘提翁神殿（先贤祠）于公元8世纪建在巴黎的拉丁区中心。法国国王路易十五重病时，向女神圣·热纳维耶芙祷告。痊愈后，他下令建造一座教堂以向女神表达敬意。建筑师雅克-日梅恩·索弗洛采用了罗马式的建筑外观：六根科林斯式支柱，雕塑装饰的三角楣，当然少不了雄伟的穹顶！法国大革命爆发后，潘提翁神殿被改用来纪念“先贤伟人”：伏尔泰、维克多·雨果、居里夫妇……最近（2015年[8]）被安葬入先贤祠的是两位参加第二次世界大战抵抗运动的成员：日耳曼·蒂利翁[9]和珍娜维耶芙·戴高乐-安托尼奥兹[10]。

明明一个垂直站立，一个横向放置，但人们仍旧经常将两者混为一谈。

支石墓/糙石巨柱

你记不住支石墓和糙石巨柱的区别吗？不止你一个人记不住！事实上，这两种巨石建筑都建造于几千年前，在公元前5000年—前2000年之间。重达12—15吨。两者十分相似，但糙石巨柱通常是尖顶的，垂直地立在地上，而支石墓则像一张水平摆放的桌子，底下垫两块大石头。

神奇的墓

在支石墓底下，考古学家发现了埋藏的骨骼、骨头项链、石头项链和陶瓷器皿的碎片，因此可以判断支石墓就是墓地。有人认为这是由超自然力量建造而成的。中世纪时，基督教战胜了其他宗教信仰，他们在支石墓上刻上十字架，或者在其遗址上修建礼拜堂。

糙石巨柱，被用于观测太阳或者预言月食

这些石柱通常排列成直线形或者圆形。在法国布列塔尼大区的卡尔纳克，还存留着3000个石柱，从小到大排列。一些独立的石柱上被钻出一个洞，用于观测。在欧洲、非洲和亚洲各地，都有支石墓和糙石巨柱被发现，但在美洲和大洋洲，人们尚未发现这两种古建筑。

至于奥贝里克斯，法国著名连环画《高卢英雄历险记》里的石柱琢磨工，他可能从事这项职业吗？当然不可能，因为这个高卢人生活在高卢罗马时期，大约在公元50年。那个时代的人既不凿支石墓也不打磨石柱。

玛雅与印加这两大文明均发源于同一片大陆，即美洲大陆。此外，这里还孕育了阿兹特克文明。玛雅文明与印加文明有两大本质区别：它们所处的时代和地理位置，大不相同！

玛雅文明/印加文明

我们这里谈的是哥伦布发现新大陆以前的文明，因为这些美洲帝国存在于 1492 年哥伦布发现新大陆以前。

玛雅人出现的时间相对较早，在公元前 2000 多年前开始出现。在公元 6—9 世纪，玛雅文明达到鼎盛，土地面积相当于如今的德国，地处中美洲。著名的蒂卡尔金字塔如今隐没于危地马拉的一片茂密的丛林中。在墨西哥，人们重新找到了奇琴伊察、图卢姆、帕伦克这些孤城的遗址。玛雅人还热衷于天文学，拥有自己的文字——象形文字。

印加人与之相反，他们精通数学，擅长结绳记事！据考证，他们的扩张时期要更晚一些，是从 1450 年到 1532 年。这个幅员辽阔的山地帝国地处安第斯山脉，濒临太平洋，领土从南美洲的智利一直延伸到哥伦比亚。神圣城堡马丘比丘高耸入云。阿兹特克王国的繁盛期为 1370 至 1519 年，与印加帝国同时期， 但其位置处于中美洲，与印加帝国相距 2 万千米，两国的居民几乎不可能相遇。阿兹特克最大的城邦特诺奇提特兰就位于如今的墨西哥城。

三种文明的一些共同点：信奉多个神，尤其是太阳神，并供奉大量的活人祭品。公元 16 世纪，这些地方的居民被西班牙征服者屠杀殆尽。这些欧洲的殖民者掠夺了他们的资源，给他们带来疾病，还毁坏了他们的文明结晶。如药典、玛雅文字作品，都被传教士成批烧毁。

他们的共同点是武器装备。两者都手拿望远镜、手枪，腰别军刀，还装备一些必不可少的工具，如四爪锚和拴锚的绳索，用来钩住敌方的船只……但海盗和私掠者的罪名并不相同！

海盗/私掠者

他们劫掠那些路过的倒霉船只，但他们的罪行并不相同！

海盗属法外之徒，如果被逮住就会被绞死。1720 年，加勒比海海盗杰克·拉克姆就被施以绞刑。埃尔热从这个真实人物身上获得灵感，创作了“丁丁历险记”系列中的《独角兽号的秘密》和《红色拉克姆的宝藏》。

私掠者则是战时由国王授意的，一旦被捕，会作为士兵而遭囚禁。水手掌舵又快又灵活的船只，目标是敌国商船，他们掠夺装满宝物的货舱：丝绸、金子和香料……私掠者持有统治者签发的“私掠许可证”，一部分战利品会上交给统治者。许可证只对一次劫掠有效，文件上写有船只名称、船只所有者及船长的名字。法国载入史册的传奇私掠者有：罗伯特·絮库夫、勒内·迪盖-特鲁安和让·巴特。

在海上如何区分海盗和私掠者？

全靠旗帜！海盗明确地挂着属于他们的颜色：红色警告对方不留活口，黑色告诫对方不战而降。还有最明显的骷髅头……私掠者则会升起其他国家的旗帜，比如荷兰的国旗，试图迷惑对手。

在中美洲附近海域，海盗也被称作海贼，比如约翰尼·德普在电影《加勒比海盗》里饰演的杰克·斯帕罗。这片海域对海盗还有另一种称呼：le boucanier。该词意为为制熏肉或出售牛皮而冒险的捕野牛者。他们有时参与海盗袭击，但主要以走私和打猎为生。

这两位都是19世纪的著名画家，名字仅一个元音之差！他们的画作都陈列在世界最大的博物馆中，有时甚至还并排陈列。马奈和莫奈都属于印象派，他们彼此还是朋友，但是两人有各自的风格……

马奈/莫奈

如何分辨二人的画法

1874年夏，爱德华·马奈绘了一幅画，名为《船上画室中的莫奈》。这幅作品颇为有趣，它描绘的是创作者的画家朋友（即莫奈）在阿让特伊镇的塞纳河中的一艘小船上支起画架作画的情景！马奈出生于1832年，比莫奈年长8岁，出身中产家庭，经常借钱给最初生活贫困的莫奈。

据考证，马奈在这幅画中故意模仿莫奈的印象派风格。实际上，印象派一词来源于莫奈的一幅画作——《日出·印象》，描绘了黎明时的勒阿弗尔港口。印象派绘画的特点是：在户外写生，更注重光和色彩的运用，而非轮廓和清晰度。马奈不像莫奈那么印象主义，他更喜欢运用线条描绘实物，在画室中创作。他画风景、静物（比如一根芦笋或花朵）和各种肖像，其中一幅著名的肖像画为《吹短笛的男孩》。马奈最出名的两幅作品《奥林匹亚》和《草地上的午餐》都备受争议，因为画中的女人皆为裸体。

1883年，马奈获得荣誉勋章后因病去世，享年51岁。随后他的朋友莫奈经过不断努力，成功让卢浮宫博物馆接受《奥林匹亚》这幅画作。

莫奈终其一生雕琢他的印象派画法，比如《睡莲》系列。水的倒影一直是他最爱的主题！1926年，莫奈在诺曼底吉维尼家中离世，享年86岁。

阿雅姆如果待在自己的国家就会有危险，所以他是难民身份，享有特殊权利。如果他是偷渡过来的，情况就不同了。

难民/非法移民

他是难民还是非法移民?

答案与阿雅姆的生活有关。在叙利亚，阿雅姆和父母过着平静的生活。有一天，他的国家爆发了战争。整整四年，他时刻面临枪炮与抢劫的威胁。当生活变得难以为继时，阿雅姆决定逃离家乡，来到法国。这个逃亡中寻找避难所的年轻人，是难民。

难民地位，一项权利

难民地位是1951年《日内瓦公约》规定的权利，任何从自己国家逃难的人都可以声称自己为难民。阿雅姆现在正受到保护，可以申请收容所，从而留在法国。他需要填写一份16页的表格，再参加一个面试。这个程序只有五分之一的成功率。一旦成功，阿雅姆就能在法国定居、休养、继续学业和工作。与此同时，他还享受政治权利。申请期间，他虽然没有证件，但是他与平时游荡在广场上的无证移民的情况不一样。

没有身份的非法移民

非法移民的经历与难民不同，他们中大多数是由于经济原因离开他们的国家，希望能找到一份工作。到法国后，他们没能获得长期居住许可，即允许他们定居和工作的文件。他们随时都可能被“强制遣送回国”。他们没有任何政治权利，整日躲躲藏藏，活在恐惧之中。

说一个吉坦人是罗姆人（Rrom），是可以的。但是把他当成保罗移民（Rom），就不对了。相差一个字母“R”，到底有什么不同呢？

吉坦人/保罗移民

追根溯源

罗姆人指大约公元1000年的时候，住在印度西北部，讲罗姆语（源自梵语，古印度的宗教语言）的人。他们被驱逐，离开发源地，向东欧航行。当他们在巴尔干半岛（土耳其、希腊、保加利亚）登陆时，没有人知道这些旅行者是什么人。无知带来恐惧，众人议论纷纷，谣传他们属于一个名叫阿蒂加诺的知名巫术群体。随着时间流逝，他们演变为阿金加诺人，然后是茨冈人！

五花八门的名字

这些流浪者穿过西欧，继续前行。他们的族裔根据来源地命名。因此，来自波希米亚的顺理成章叫作波希米亚人。在西班牙和法国南部，人们认为这些“外来人口”来自埃及，由此产生英文名字吉卜赛人（gypsy），西班牙语名字吉塔诺人（gitano），法语名字吉坦人（gitan）。在德国，他们自称为马努什人（manush，在罗姆语中意指“人类”），所以人们如今称德裔的茨冈人为玛努沙人（Manouches）。

不要混淆流浪者和移民

尽管称呼不同，但茨冈人都有一个共同点：流浪生活。他们住在旅行挂车或者驳船里，随着季节更替、船只活动或街头卖艺活动的变化，四处游走。保罗移民和罗姆人情况不一样，保罗移民指最近离开罗马尼亚和保加利亚的移民，他们渴望在西欧定居，过更好的生活。但不管是罗姆人还是保罗移民，他们都同样不幸地承受着偏见。

它们都是欧洲的首都城市，却是不同国家的首都（布加勒斯特是罗马尼亚的首都，布达佩斯是匈牙利的首都）。发现它们身份的秘密，避免犯地理上的错误。

布加勒斯特/布达佩斯

好多人都搞不清这两个城市！

曾经有球迷无法进场观看盼望已久的足球比赛，原因竟是飞错了城市。2008 年一场演唱会期间，歌手蓝尼·克罗维兹夸赞匈牙利的种种优点，然而演唱会是在布加勒斯特举办。在他之前，1992 年，美国明星迈克尔·杰克逊登台时也曾大喊：“布达佩斯，你好吗？”而他演出的地点却是罗马尼亚。

需要为他们辩解一下，由于只有两个辅音字母不同，这两个城市的名字确实易被混淆。两个城市都地处中欧，历史轨迹相同，但它们各自有各自的身份！

布加勒斯特是罗马尼亚的首都。传说它的名字来源于一位叫布库尔的牧羊人。他赶着羊群从喀尔巴阡山脉来到黑海……由于布库尔在罗马尼亚语中意味着“快乐”，作家便称布加勒斯特为“欢乐之城”。另一个称呼是“巴尔干小巴黎”，得名于它宽广的林荫道上点缀着漂亮的花园。

匈牙利的首都布达佩斯，于 1873 年合并了三个城市：古布达、布达和佩斯。布达佩斯共有 80 多处温泉，城市以沐浴和匈牙利式烩牛肉闻名。烩牛肉一定要用产自匈牙利的红椒粉！布达佩斯古老的街区被列入世界文化遗产，加上多瑙河流经此处，这座城市得名“多瑙河上的珍珠”。

他们都是法国大革命时期的著名人物，彼此是死敌……但最终，他们或许并不只是对立关系，尽管身份对立，但他们也有很多共同点。

丹东/罗伯斯庇尔

1794年4月5日，马克西米利安·德·罗伯斯庇尔控诉乔治·丹东贪污腐败，把丹东送上断头台。他利用强硬的政策处决一切反对者，加强恐怖统治，这恰好是他的对手不想看到的。没过多久，大约四个月之后，1794年7月27日，制宪会议的众议员把罗伯斯庇尔送上了断头台。

这两名政敌在1789年法国大革命中都起到重要作用。罗伯斯庇尔出生于1758年，丹东出生于1759年，两人仅一岁之差。他们同样致力于使法国成为一个拥有宪法的现代国家。除此之外，两人皆当选众议员，1792年末，在路易十六案件中两人均主张处决国王。他们在立法议会中属于同一派别：山岳派（极左派）。之所以称为山岳派，是因为他们在议会中席位最高。最后，他们还都是雅各宾俱乐部的成员。

尽管如此，他们两人的性情仍大相径庭。丹东是追求享乐的人：毫不犹豫地接受贿赂积累财富；结过两次婚，有很多情妇；口才卓越，经常言谈放肆；喜欢美味佳肴。而罗伯斯庇尔是个严肃的人：冷冰冰、品性正直、善于伪装。这个专制的独身主义者特别注重自身形象，人称“不可腐蚀者”！

他们两人死后，在7月（法国大革命历法称其为热月），后继者接替执政。热月党人为丹东平反，但没有为罗伯斯庇尔平反。时至今日，历史学家仍然热衷于对这两人进行研究，无论是偏爱前者或后者，支持或批判，他们的热情都不亚于1794年的国民公会时期。

中国橘子 / 克里曼丁红橘

橘子长在橘树上，克里曼丁红橘长在克里曼丁橘树上，这是显而易见的。虽然外观相似，但它们分属不同种类的柑橘。由于富含维生素C，所以它们在冬季备受欢迎。

小故事

早在克里曼丁红橘 (*Citrus clementina*) 之前，18 世纪时，橘子 (*Citrus reticulata*) 便出现在法国。橘子原产自中国，其名字来源于中国官员的法语译名，或许因为他们穿着橘色袍子，或许由于他们非常喜欢吃这种小水果。克里曼丁红橘实际上是杂交品种，由橘子树和酸橙树（也被称作苦橙树）两种植物杂交而成。第一棵克里曼丁橘树是由克里曼修士栽培出来的，他负责管理阿尔及利亚一家孤儿院的花园。在法国植物学家路易·查理·特拉比的帮助下，克里曼于 20 世纪初培育了这个新的水果品种。在克里曼丁红橘出现很久以后，人们才发现它是橘树的花朵被甜橙，而非苦橙的花粉授粉的产物。不管是甜橙还是苦橙，克里曼丁红橘的名字只是为了纪念它的培育者克里曼。

你更喜欢哪一种?

尽管两种水果的味道相似，但是橘子更多汁、更甜，酸味较轻，为橘子加 2 分。但它的籽较多，因而较不适合小孩子（老年人也不太适合）。另外，它比克里曼丁红橘晚一个月成熟，这使红橘在漫长的冬天成为最受欢迎的水果之一，为红橘加 2 分。在剥皮大战中，克里曼丁红橘占上风，因为它那细腻的薄皮更易剥，又加 1 分。 所以克里曼丁红橘最终以 3 比 2 赢得比赛！

那么瓯柑呢?

瓯柑的名气较小，它的果皮颜色偏深，比橘子皮好剥一点。它产自摩洛哥的丹吉尔市，销往欧洲各地。

在剧院，演员重返舞台时，为了避免走错通道，需要明确自己所在的位置。但是为什么用花园和宫殿来指代舞台的左右两侧呢？

宫殿一侧/花园一侧

为了更容易辨别方向

演员排练时，导演站在正厅里，观众席一侧。当导演说“向右转”时，是该向导演的右手边转还是演员的右手边转呢？用宫殿一侧和花园一侧可以避免这种歧义！宫殿一侧就是观众席的右侧，花园一侧则是观众席的左侧。再引申一点，宫殿一侧的置景师被称作“邮差”，花园一侧的置景师被称为“园丁”[11]。

在莫里哀时代，称呼更简单：人们用“国王一侧”和“王后一侧”来指引方位。根据礼仪，每个人坐在固定位置上。1784年，在法国大革命爆发的五年前，一个新的表达方式取代了这种表达方式。法兰西喜剧院的演员们在巴黎排练博马舍的《费加罗的婚礼》时，由于没有场地，他们只好在面朝塞纳河的杜伊勒里宫的机械房内排练。在他们的左边是杜伊勒里花园的院子，右边是一座花园，花园一直延伸到协和广场。于是便诞生了另一种指引方位的方法。演出很成功，与管理舞台的这一重要细节一起被载入史册！

宫殿和花园对应方位的几种记忆方法

当你坐在观众席上时，想一个词“员工（园宫）”，园代表左，宫代表右。站在舞台上时，想一部剧名《宫心计》，心脏在身体的左边跳动，宫代表左侧。至于右侧，只有花园的“园”字声母和“右”的声母是一样的。大幕拉开时，你的入场一定会成功！

素食主义者/纯素食主义者

纯素食主义者不食用任何来自动物的食品，而素食主义者的进食清单里保留有蜂蜜、牛奶和鸡蛋。

素食主义者不吃鱼、海鲜和肉。除植物以外，他们会吃来自动物的蜂蜜、鸡蛋和奶制品，但是纯素食主义者连蜂蜜、鸡蛋和牛奶也不吃。

纯素食主义者，也被称作“严格的素食主义者”，他们只吃非动物的食材：水果、蔬菜、油料作物（比如核桃和榛子）、谷物、大豆……他们喜欢植物，摒弃所有来自动物的食物，包括蜂蜜、牛奶和鸡蛋。

为什么吃素?

选择不吃肉并不是简单的口味问题。大多数的素食主义者和纯素食主义者选择吃素有多种原因。首先，尽管多年来人们一直提倡吃肉，但素食主义者和纯素食主义者认为肉类并不是人体必需的，人们完全可以从其他食物获取身体必需的物质：矿物质、蛋白质、微量元素、脂肪酸和维生素。此外，他们主张保护动物权益，不希望给动物带来痛苦。于是人们通过“素食”来倡议一种别样的生活方式：不穿皮鞋（来自动物），不用蜂蜡（来自蜜蜂），不穿羊毛织物（来自羊），不使用在动物身上做测试的护肤品等。

注意!

有些人选择这种饮食方式是为了保护自然环境和动物。但是青少年需要特别注意均衡饮食，不应该只吃素食。毕竟你的身体处于快速发育中，必须保证充足的营养摄入才能满足生长需要。

“请出示您的证件！”如果在城市听到这句话，那么你是被警察拦住了。如果在乡下，拦住你的人恐怕是宪兵。解释如下：

宪兵/警察[12]

他们的工作

“宪兵”（Gendarme）一词来源于“持枪的人”（gens d'armes），中世纪时指骑马并持武器的人。警察（Police）一词来源于希腊语 politeia，指“管理城市的人员”。警察和宪兵要确保法律被严格遵守，负责处理交通问题、阻止公民犯法、罚款或者贴违章通知单，但他们的职能不仅限于此。他们还保障你的安全：阻拦入室盗窃、抓捕小偷、为有困难的人提供救援。

他们的区别

警察是国家警务人员，由内政部领导。我们也称这些公职人员为“治安维护者”。市镇警察也是警察，他们受所在城市的市长领导。

而宪兵是军人，以前从属于国防部，不过从 2009 年起，他们也归属于内政部。

如果住在城市，你遇见的一定是警察，然而如果你在乡下或者是小城镇，那么你极有可能遇见宪兵。宪兵作为军人，与警察不同，他们服役期间要时刻待命，必须住在部队。当然，宪兵配有武器，有时也戴军帽。1984 年，原来的军帽被取消，取而代之的是小鸭舌帽。

你知道吗？

你一定知道红蝽这种昆虫，也被叫作“宪兵”，但你猜猜看它们的名字来源于什么？来源于它们红黑相间的外观，让人想起 17 世纪时法国宪兵制服的颜色！

拿破仑一世使这个源自意大利语的名字享誉全世界！他比他的侄子年长将近40岁。两代皇帝皆死于流放，他们在法国历史上书写了各自的篇章。

拿破仑一世/拿破仑三世

1789 年法国大革命爆发时，拿破仑·波拿巴将满 20 岁。这位科西嘉的年轻人被迅速提拔为将军，并在意大利、埃及战场取得了累累战功。被任命为第一执政官后，他制定《民法典》、颁授荣誉军团勋章、创办高级中学……1804 年加冕称帝。头戴双角帽，拿破仑开始征战欧洲，牺牲了很多人的生命。由于没有孩子，所以他与爱妻约瑟芬离婚，迎娶奥地利公主玛丽·路易丝，后者为拿破仑生了一名继承人。在第一次被流放到厄尔巴岛后，拿破仑传奇般地夺回了帝位。但是滑铁卢战役的失败结束了他的帝王生涯。1821 年，他在圣赫勒拿岛去世。关于他的传说仍在继续：爱恨交织的传奇人生。

他的儿子，拿破仑二世，21 岁病逝。拿破仑三世是他的侄子：生于 1808 年，是拿破仑一世的弟弟路易·波拿巴和约瑟芬之女（约瑟芬与其前夫所生的女儿）奥当斯·德·博阿尔内的儿子。拿破仑三世也经历了一场革命，即 1848 年的二月革命。1852 年他宣布称帝。拿破仑三世的标志性特征是末端细长的八字胡。在他统治期间，最突出的成就在于国家的工业和金融得到发展，以及在奥斯曼省长推动下巴黎的重建。像他伯父一样，拿破仑三世丢掉皇位也是由于一场战役——1870 年在阿登地区的色当战役中，拿破仑三世战败。三年后，他在流放地英国去世。

拿破仑三世的妻子欧仁妮为他生了一个儿子，路易·拿破仑·波拿巴。这位帝王家的王子却没机会成为拿破仑四世。对军职的渴望促使他投身英国军队，并上了南非战场。1879 年 6 月 1 日，年仅 23 岁的路易被祖鲁的士兵杀死。

英国人究竟住在哪里：在大不列颠还是英国？两地都住！这节地理小课堂将帮你搞清楚这个问题，让你明白它们到底有什么区别，对了，还有英格兰！

大不列颠岛/英国

它们有点像俄罗斯套娃……最小的是英格兰，以伦敦为首府，它诞生于10世纪，是几个王国（如威塞克斯）的联合体。英格兰地处欧洲最大的岛屿——大不列颠岛！从长度上看，英格兰覆盖了大不列颠岛的三分之二，岛上还有另外两个不列颠政治实体：北部的苏格兰和西部的威尔士。

你知道吗？这座岛最初被称作布列塔尼，拉丁语为*Britannia*，住的都是布列塔尼人。自公元3世纪起，岛上的一部分居民到大陆，特别是阿莫利克地区定居。于是人们开始以大布列塔尼和小布列塔尼进行区分……如今，法国那个以薄饼和濛濛细雨出名的大区，被直接称作布列塔尼。英国人称它为Brittany，因为他们要保留不列颠（Britain）的名号，来命名自己的岛屿。以上就是这组俄罗斯套娃的第二层。

第三层是英国，由大不列颠岛上的政治实体和北爱尔兰组成。自1927年起，这个联合王国的官方名字叫作“大不列颠和北爱尔兰联合王国”。国旗“联合杰克”是联合王国的象征：它结合了英格兰、苏格兰和爱尔兰旗帜上的十字。此外，还有几个海外领地也都在英国的管辖和统治之下，例如安的列斯群岛的开曼群岛。它们是英国作为最大的殖民国家时期所占领的。

英国女王伊丽莎白二世，是这个国家的君主，她同时掌管一个更大的实体——英联邦，由53个国家组成，其中多数是曾经的殖民地，伊丽莎白二世是英联邦的元首。[13]

注 释

① 大象巴巴是1989年加拿大动画系列片《大象巴巴》的主角，该片改编自布吕诺夫父子的同名儿童文学作品。

② 小象丹波是动画片《小飞象》的主角，该片于1941年在美国上映，讲述了马戏团里的小象丹波的故事：因为长着一对超大号的耳朵，丹波成为大家嘲笑的对象，在一群乌鸦的帮助下，他终于克服心理障碍用耳朵去飞行，成为人们心中真正的明星。后来该片被翻拍成真人版，于2019年3月29日在美国、中国同步上映。

③ 量四脚站立动物的高度只需要计算马肩隆与地面之间的距离。

④ 大海雀是一种不大会飞的水鸟。曾广泛生活在大西洋的各个岛屿上。虽然是水鸟，但其外观与企鹅很像，体形粗壮，腹部呈白色，头到背呈黑色。在水中的游动速度非常快，但由于双翼已经退化，所以只能在水面上低低滑翔，不能够飞行，在陆地上的行动也比较缓慢。大海雀的繁殖能力极低，每次只产一枚卵，而且不做窝，仅产在露天的地面上，曾成群地繁殖于北大西洋沿岸的岩石岛屿。向南远到佛罗里达、西班牙和意大利，均曾发现其化石。因人类的大量捕杀，大海雀已于1844年灭绝。

⑤ 实际上也有些海位于陆地边缘，被称为边缘海或陆缘海，如中国东海、南海。

⑥ 南大洋是围绕南极洲的海洋，是太平洋、大西洋和印度洋南部的海域，以前认为太平洋、大西洋和印度洋一直延伸到南极洲，南大洋的水域被视为南极海，但因为海洋学上发现南大洋有重要的特殊洋流，于是国际水文地理组织于2000年确定其为一个独立的大洋，成为五大洋中的第四大洋。在学术界依旧有人认为依据大洋应有其对应的洋中脊而不承认南大洋这一称谓。

⑦ 意大利统一后的第一个国王。

⑧ 原书出版于2016年，但在2018年7月1日，前法国卫生部长、欧洲议会议长及法国宪法委员会成员之一的西蒙娜·薇依入葬先贤祠，成为长眠于先贤祠伟人中的第5位女性。

⑨ 第二次世界大战时期的抵抗战士兼女权作家。

⑩ 戴高乐将军的侄女，战后致力于慈善事业。

⑪ 在法语中，cour为宫殿之意，courier意为邮差；jardin为花园之意，jardinier意为园丁。

⑫ 本文所讨论的宪兵、警察及政府部门均为法国的国家机构。

⑬ 伊丽莎白二世于2022年9月8日去世，享年96岁，王位由她和菲利普亲王的长子查尔斯三世继承。

图书在版编目 (CIP) 数据

它和它不一样 / (法) 韦罗妮克·科尔吉贝等著; 李牧雪，张月译 .—上海：上海科技教育出版社，2023.1

ISBN 978-7-5428-7194-7

I. ①它… II. ①韦… ②李… ③张… III. ①自然科学 – 儿童读物 IV. ① N49

中国版本图书馆 CIP 数据核字 (2022) 第 197682 号

责任编辑 郑丁葳
装帧设计 符劼

它和它不一样

[法] 韦罗妮克·科尔吉贝 [法] 马蒂尔德·贾尔 [法] 马里翁·吉洛 [法] 奥萝尔·梅耶 **著**
[法] 文森特·贝尔吉耶 **图**
李牧雪 张月 **译**

出版发行 上海科技教育出版社有限公司
（上海市闵行区号景路 159 弄 A 座 8 楼 邮政编码 201101）
网 址 www.sste.com www.ewen.co
经 销 各地新华书店
印 刷 上海昌鑫龙印务有限公司
开 本 889 × 1194 1/16
印 张 5.25
版 次 2023 年 1 月第 1 版
印 次 2023 年 1 月第 1 次印刷
书 号 ISBN 978-7-5428-7194-7/G · 4360
图 字 09-2019-098
定 价 48.00 元

50 réponses pour éviter de tout confondre
By
Véronique Corgibet, Mathilde Giard, Marion Gillot, Aurore Meyer and Vincent Bergier